Archita Tiwari
Sujeet Gupta
Bharat Mishra

Síntese e Avaliação de Novos Derivados de Carbazol

Archita Tiwari
Sujeet Gupta
Bharat Mishra

Síntese e Avaliação de Novos Derivados de Carbazol

Caracterização Analítica e Atividade Farmacológica de Novos Derivados de Carbazol

Imprint
Any brand names and product names mentioned in this book are subject to trademark, brand or patent protection and are trademarks or registered trademarks of their respective holders. The use of brand names, product names, common names, trade names, product descriptions etc. even without a particular marking in this work is in no way to be construed to mean that such names may be regarded as unrestricted in respect of trademark and brand protection legislation and could thus be used by anyone.

Cover image: www.ingimage.com

This book is a translation from the original published under ISBN 978-620-7-46873-7.

Publisher:
Sciencia Scripts
is a trademark of
Dodo Books Indian Ocean Ltd. and OmniScriptum S.R.L publishing group

120 High Road, East Finchley, London, N2 9ED, United Kingdom
Str. Armeneasca 28/1, office 1, Chisinau MD-2012, Republic of Moldova, Europe
Printed at: see last page
ISBN: 978-620-7-95159-8

Conteúdo

Resumo

A epilepsia é uma perturbação neuronal nos seres humanos, identificada por uma descarga neuronal excessiva e temporária de forma desregulada. Os medicamentos anticonvulsivos são utilizados para tratar as convulsões, que são perturbações eléctricas súbitas e descontroladas no cérebro. O carbazol é uma estrutura tricíclica que contém azoto na sua estrutura. O anel tricíclico é constituído por 2 anéis de benzeno situados nos lados de um anel heterocíclico de 5 membros com azoto. Os carbazóis estão amplamente difundidos na natureza e são utilizados para diversas actividades farmacológicas.

Foi sintetizada uma nova série de derivados de carbazol substituídos. Na primeira etapa, o 2-Cloro-9-H-carbazole-3-carbaldeído foi formado através da reação de vielsmeier-Hack na presença de DMF e POCl3. O produto intermédio formado com a ajuda da reação de vielsmeier é posteriormente tratado com uma amina substituída diferente para obter um novo derivado de carbazole fundido com a amina substituída. A estrutura do derivado de carbazole substituído foi identificada por cromatografia em camada fina, FT-IR e 1H NMR. Com a ajuda do modelo de eletrochoque máximo (MES), a potência dos compostos sintetizados foi determinada com base na sua redução de convulsões em diferentes intervalos de tempo. Entre todos os compostos sintetizados, **o composto 4e** apresentou a atividade anticonvulsiva máxima. **O composto 4c e o composto 4f** também apresentaram uma melhor atividade anticonvulsiva.

Palavras-chave: - Carbazol, reação de Vielsmeier-hack, atividade anticonvulsivante.

CAPÍTULO 1

INTRODUÇÃO

1. Introdução

1.1. Composto heterocíclico

Os compostos orgânicos cíclicos que contêm pelo menos um heteroátomo diferente do carbono na sua estrutura são designados por compostos heterocíclicos. Apesar da sua semelhança estrutural com os hidrocarbonetos orgânicos cíclicos, as propriedades destes compostos podem ser muito diferentes, dependendo da identidade, localização e número de heteroátomos na molécula. Os compostos heterocíclicos têm sido amplamente estudados devido à sua vasta gama de propriedades físicas e biológicas. Isto significa que a química heterocíclica estuda todos os aspectos dos compostos heterocíclicos (1). Os sistemas heterocíclicos consistem em pelo menos dois átomos diferentes do carbono como parte do anel, e estes tipos de compostos são denominados compostos heterocíclicos.

Há muito que se sabe que os sistemas orgânicos heterocíclicos contêm uma ou mais substâncias "estranhas"

elementos para além do carbono, como o oxigénio, o enxofre ou o azoto. Estudos recentes alargaram o significado do termo heteroátomo para incluir átomos que não são carbono. Em geral, a nomenclatura de substituição refere-se ao método global de designação de anéis e cadeias orgânicas. Em termos de número e variedade de compostos orgânicos, os compostos heterocíclicos constituem provavelmente a maior família(2). Ao alterar um único átomo de carbono num ou mais anéis carbocíclicos, é teoricamente possível converter qualquer composto carbocíclico num análogo heterocíclico. As possibilidades de tal substituição são enormes, mesmo se limitarmos a nossa consideração ao oxigénio, azoto e enxofre (os elementos heterocíclicos mais comuns). Os compostos heterocíclicos são considerados como uma das classes mais essenciais de compostos orgânicos devido à sua atividade em múltiplos campos biológicos(2).

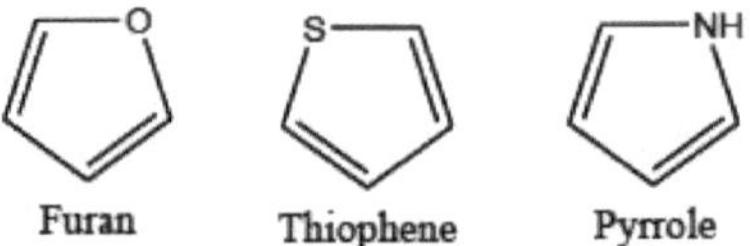

Fig 1.1 Compostos heterocíclicos de cinco membros com um heteroátomo

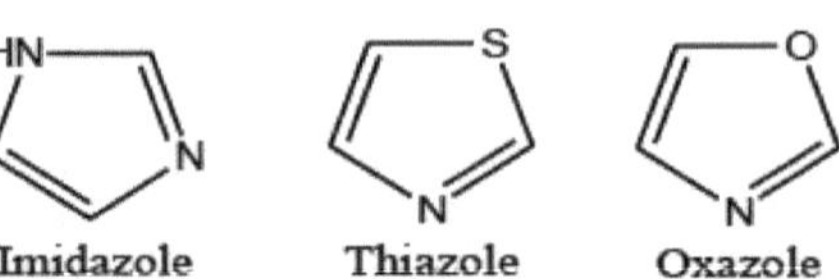

Fig 1.2 Compostos heterocíclicos de cinco membros com dois ou mais heteroátomos

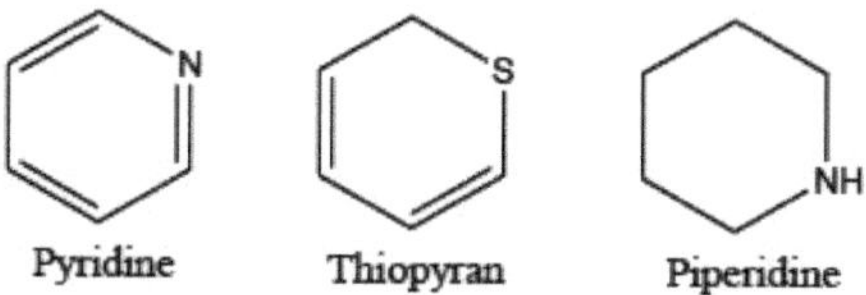

Fig 1.3Compostos heterocíclicos de seis membros com um heteroátomo

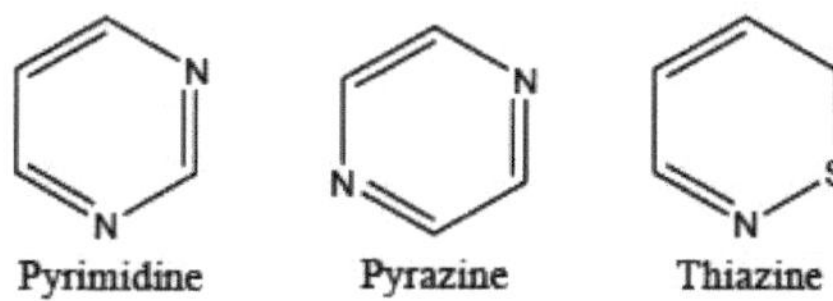

Fig 1.4 Compostos heterocíclicos de seis membros com dois ou mais heteroátomos

Fig 1.5 Alguns compostos heterocíclicos fundidos

Um anel heterocíclico encontra-se nos principais esqueletos do ADN, ARN, clorofila, hemoglobina, vitaminas e muitas outras moléculas. Vários compostos heterocíclicos podem ser úteis no tratamento de uma grande variedade de doenças. Por exemplo, os derivados da triazina provaram ser úteis como herbicidas antimicrobianos, anti-sépticos urinários e agentes anti-inflamatórios. 'Heteros' deriva de uma palavra grega que significa "diferente".

Por vezes, é também possível incorporar no anel elementos como o P, o B, o Si, o Sn, o Al, o As e o Cu. Em consequência da sua relativa instabilidade, os epóxidos (por exemplo, óxido de etileno) e as lactonas (por exemplo, *-butirolactona) são geralmente excluídos desta categoria. Quanto aos compostos aromáticos e alifáticos, estão organizados. As aminas, os éteres, os tioéteres, as amidas, etc. são compostos alifáticos constituídos por anéis de 3-4 membros e de 5-7 membros. O composto heterocíclico aromático pode ter um comportamento semelhante ao do benzeno, mas caracteriza-se pela presença de heteroátomos no anel. Segue a regra geral introduzida por Huckel. De acordo com a regra de Huckel, mais electrões são adquiridos na aromaticidade em sistemas cíclicos conjugados e planares com (4n+2)* electrões. O anel heterocíclico pode ser saturado ou insaturado e ser constituído por três ou mais átomos.

Também é possível ter um anel com mais do que um heteroátomo, semelhante ou diferente. Apesar de serem alifáticos ou aromáticos, os compostos heterocíclicos têm um grande interesse teórico e prático. Muitos compostos de ocorrência natural contêm compostos heterocíclicos, assim como muitos compostos que não ocorrem naturalmente. O sistema de anéis heterocíclicos desempenha um papel importante na estrutura de compostos importantes para a vida, tais como aminoácidos, alcalóides, vitaminas, hemoglobina, hormonas, etc. A química heterocíclica é benéfica no metabolismo e na biossíntese de medicamentos. A maioria dos medicamentos pertence à classe dos compostos heterogéneos. A maior parte das células vivas utiliza compostos heterocíclicos no seu metabolismo; muitos deles são compostos heterocíclicos de cinco e seis membros com um a três heteroátomos. Os compostos podem ser a base de pirimidina e purina do material genético ADN, e estes compostos heterocíclicos podem ser isolados ou fundidos em sistemas heterocíclicos. É comum que os compostos heterocíclicos sejam utilizados em medicamentos como aminoácidos, como a prolina, a histidina e o triptofano. Além disso, são precursores de compostos vitamínicos e coenzimáticos, incluindo as famílias da tiamina, riboflavina, piridoxina, ácido fólico, biotina, B12 e E. Muitos compostos heterocíclicos são utilizados regularmente na prática clínica devido à sua atividade farmacológica.

1.2. Carbazol

Abreviatura	CARBAZOL
IUPAC	*9-H* Carbazol
Sinónimos	• 9-Azafluoreno • Difenilenimida • Difenilenimina • Dibenzo [b, d] pirrolo

Um composto carbocíclico é um composto cíclico com um átomo de carbono no estabelecimento do anel. Um carbazole é um composto heterocíclico com dois a seis membros de anéis de benzeno que podem fundir-se com anéis de azoto de cinco membros(3). O azoto apresenta uma grande deslocalização de electrões no seu sistema de anéis. A fórmula molecular do carbazol é $C_{12}H_9N$. Existem muitos produtos naturais e compostos sintéticos que contêm carbazol, uma estrutura bioactiva privilegiada. A estrutura de um composto baseia-se na estrutura do indol, mas na qual um segundo anel de benzeno é fundido no anel de cinco membros na posição 2-3 do indol (equivalente à ligação dupla 4a-9a no carbazol)(4)

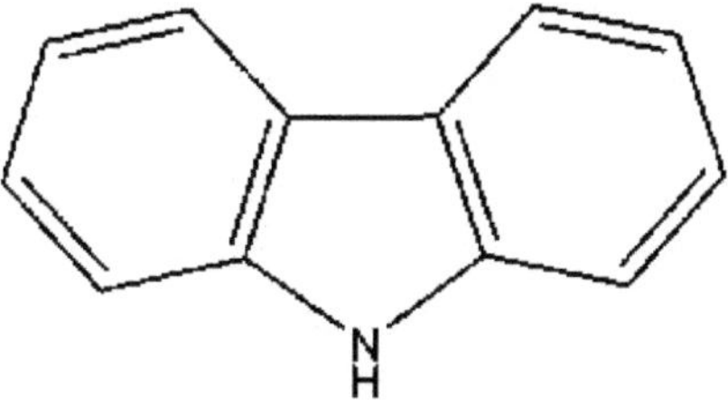

Carbazol

1.2.1. Historial

Originalmente isolada do alcatrão de carvão por Graebe e Glazer em 1872, a classe dos carbazóis contém compostos de estrutura heterocíclica. Os alcalóides carbazólicos e as suas propriedades antimicrobianas foram isolados pela primeira vez da Murraya koenigii. A casca do caule da Murraya koenigii contém seis alcalóides carbazólicos, incluindo alcalóides carbazólicos diméricos. A utilização tradicional desta planta é como estimulante, estomacal, febrífugo, analgésico e como tratamento para a diarreia, disenteria e picadas de insectos. Para além destas actividades, apresenta também propriedades antimicrobianas. A química dos carbazóis foi revista pela última vez em 1952 e 1954. O 9H-carbazole foi descrito por Graebe e Glaser em 1872, o que desencadeou uma investigação intensiva sobre os derivados do carbazole.

1.2.2. Química

Quadro 1.1 Numerosas classes de carbazóis

S. NÃO.	NOME DO COMPOSTO	ESTRUTURA
1.	Carbazol	
2.	Tetrahidrocarb azole	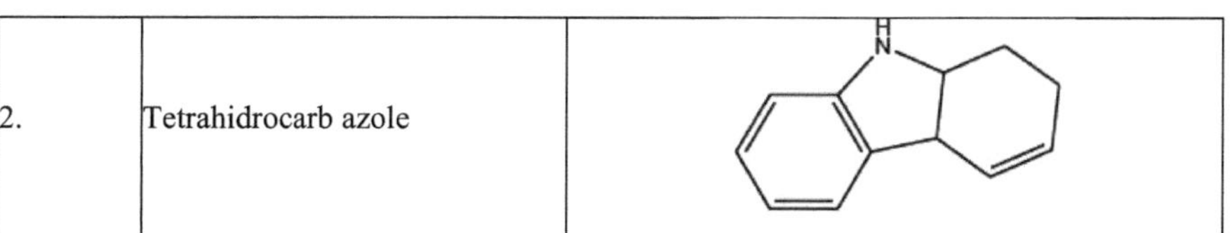

3.	Carbazol N-substituído	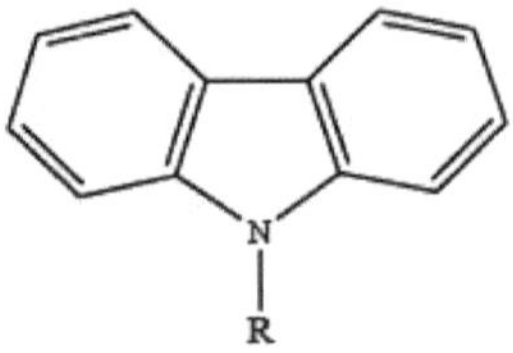
4.	Tienocarbazóis	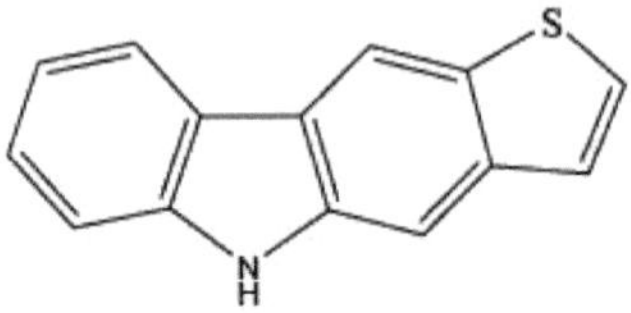
5.	Tiazolocarbazóis	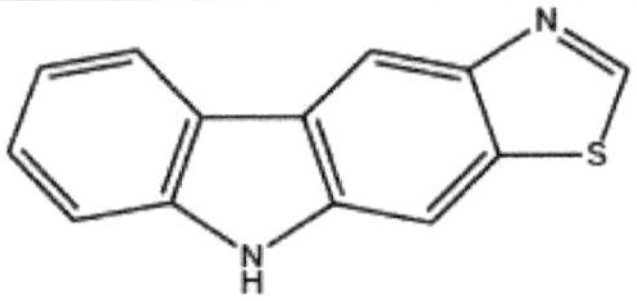
6.	Benzopirano-carbazóis	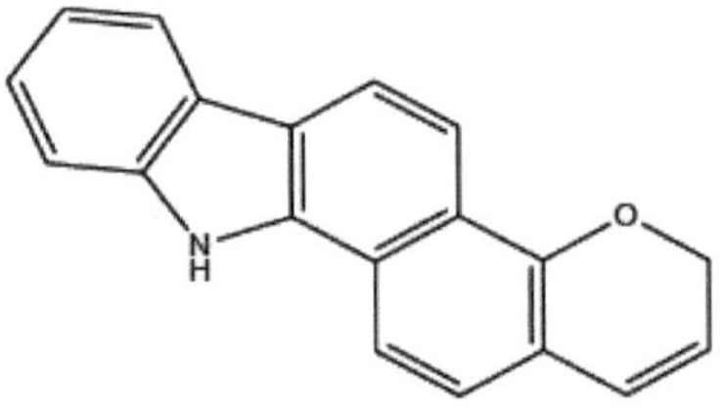
7.	Imidacarbazóis	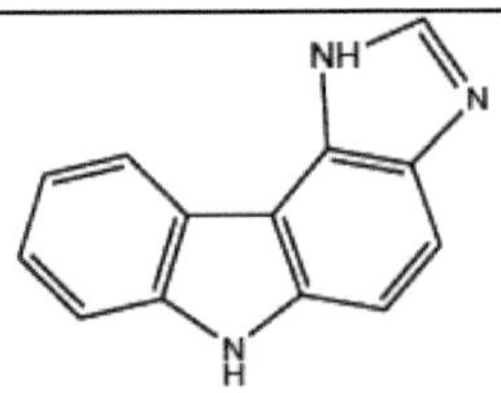
8.	Oxazolinilcarbazóis	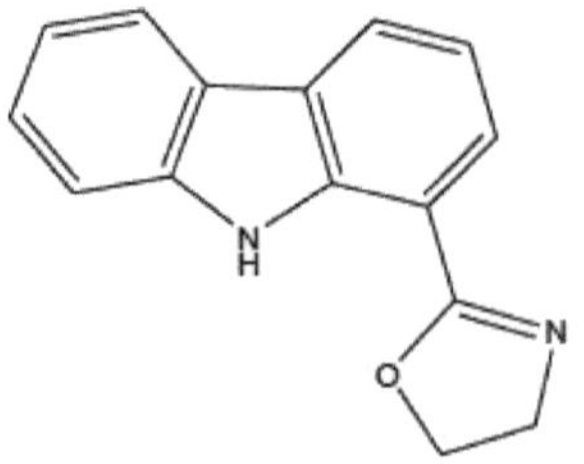

| 9. | Benzofurano-carbazóis | |

Existem muitos carbazóis derivados de plantas que não actuam apenas como antioxidantes, mas também como antitumorais, psicotrópicos, anti-inflamatórios, anti-histamínicos, antibióticos, entre outros. É importante notar que as aplicações do carbazol não se limitam à biotecnologia e aos produtos farmacêuticos. Como materiais optoelectrónicos, polímeros condutores e corantes sintéticos, estes materiais também servem na ciência dos materiais(5).

Por exemplo, os polivinilcarbazóis (PVK) (6) foram investigados exaustivamente para a sua utilização em materiais fotorrefractivos e xerografia. Verificou-se que os derivados de polis (2,7-carbazole) podem ser utilizados em células solares poliméricas. Vários compostos têm propriedades moleculares e ópticas que podem ser atribuídas aos substituintes nas posições C-2, -3, -6, -7 e -9.

1.2.3. Propriedades físicas e químicas

O carbazole é uma base extremamente fraca. Para além da quinolona, do ácido acético, do éter de petróleo, do benzeno, do álcool e do ácido sulfúrico concentrado, dissolve-se em quinolona e em ácido acético. Na presença de hidróxido de potássio (KOH), o carbazole produz sais de N-potássio. Na produção de chapas fotográficas, é um importante corante intermédio. A química da luminescência utiliza o carbazol como fotossensibilizador e material de transporte de cargas devido a ligações pi-electrónicas prolongadas. O poli (9-vinilcarbazol) é um semicondutor orgânico. O 4, 4'-Bis (carbazol-9-il) bifenilo é utilizado como material de transporte de orifícios para OLED. Após exposição à luz ultravioleta, apresenta uma forte fluorescência e uma longa fosforescência. A análise de hidratos de carbono, lenhina e formaldeído pode ser realizada com carbazol.

Tabela 1.2 Propriedades do carbazol

S. Não.	Propriedades	Valor
1.	Aparência	Pó cristalino esbranquiçado
2.	Fórmula molecular	C12H9N
3.	Ponto de ebulição	354.69°C
4.	Ponto de fusão	246.3°C
5.	Massa molar	167,206 g/mole
6.	Gravidade específica	1.1

7.	Densidade	1.301g/cm3
8.	Solubilidade	Benzeno, ácido acético, álcool absoluto, éter de petróleo e ácido sulfúrico concentrado.

1.2.4. Preparação de carbazol

Trata-se da seguinte técnica para a preparação de carbazol:

1.2.4.1. Ciclização de Borsche-Drechsel

Borsche-Drechsel é um método clássico de ciclização para a preparação de carbazol. Na primeira etapa, a 2-ciclo-hexilideno-1-fenil-hidrazina foi formada pela reação de condensação da fenil-hidrazina com a ciclo-hexanona. Na segunda fase, o tetra-hidrocarbazole foi formado por 2-ciclo-hexilideno-1-fenil-hidrazina na presença do catalisador ácido Hcl. Por fim, o tetrahidrocarbazol oxida-se na presença de chumbo vermelho (Pb_3O_4) para formar o produto final carbazol.(7)

Fig 1.6 Ciclização de Borsche-Drechsel

1.2.4.2. Reação de Pschorr

É a reação de tricíclicos biarílicos por substituição intramolecular de um areno por um radical arilo. Este radical é gerado in situ a partir de um sal de aril diazónio por catálise de cobre.

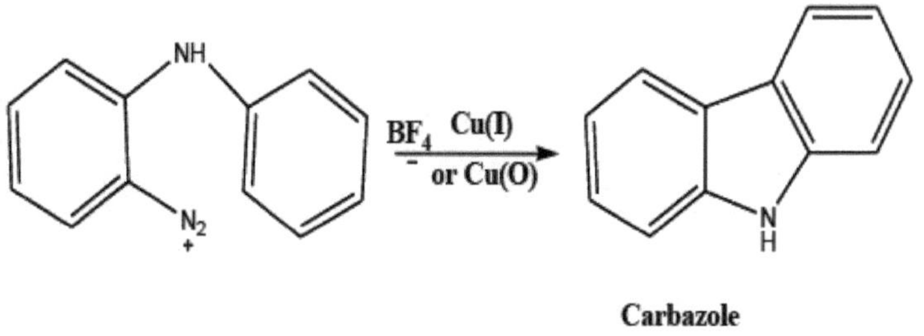

Carbazole

Fig 1.7 Reação de Pschorr

1.2.4.3. Síntese de Carbazole Bucherer

Na síntese de Bucherer, o carbazole é preparado pela reação do naftenileno-1-ol e da fenil hidrazina na presença de sulfito de sódio.

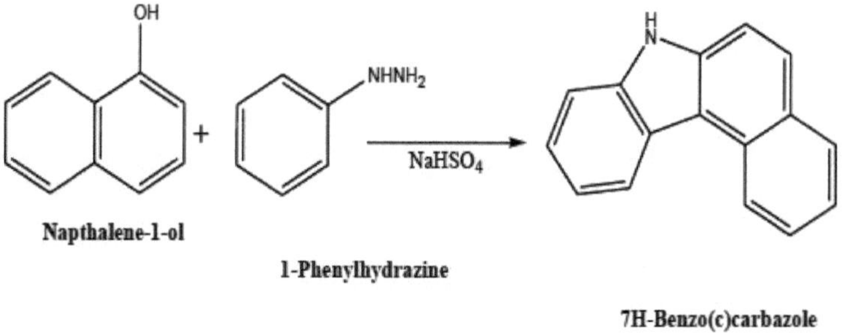

Napthalene-1-ol

1-Phenylhydrazine

7H-Benzo(c)carbazole

Fig 1.8 Síntese do carbazol de Bucherer

1.2.4.4. Reação de Graebe Ullmann

Esta reação é também conhecida como termólise de Graebe Ullmann. A N-fenilbenzeno-1,2-diamina sofre ciclização por ação do ácido nitroso e forma o 1-fenil-1H-benzo[d][1,2,3]triazol. Carbazol formado pela decomposição térmica do 1-fenil-1H-benzo[d][1,2,3]triazol.

N^1-phenylbenzene-1,2-diamine

1-phenyl-1H-benzo[d][1,2,3]triazole

9H-carbazole

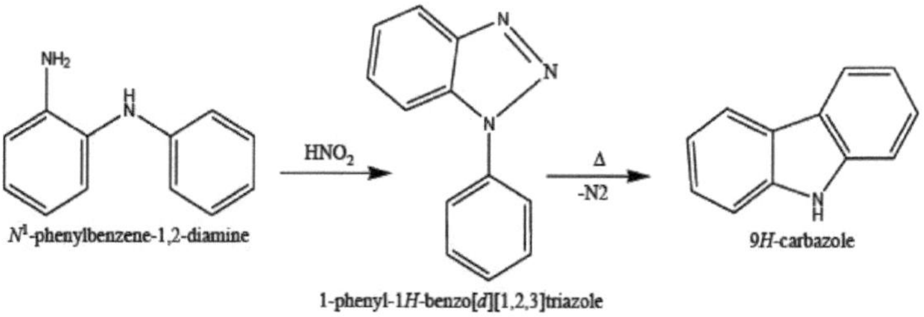

Fig 1.9 Reação de Graebe Ullmann

1.2.4.5. Inserção de nitreno

Fig 1.10 Inserção de nitreno

1.3. Revisão da literatura

A pesquisa bibliográfica permitiu descobrir várias utilizações terapêuticas do carbazol e dos seus derivados. As principais classes farmacológicas em que os derivados do carbazol podem ser classificados são as seguintes

1.3.1. Atividade anticancerígena

O cancro é caracterizado pelo crescimento descontrolado das células(8). O carbazol e os seus derivados são potentes agentes anticancerígenos que exibem um mecanismo de ação multimodal. Os derivados do carbazol actuam por intercalação no ADN e inibem a atividade da topoisomerase II do ADN

Kumar *et al.* (2016) sintetizaram 2- [(4, 5-dihidro-2-fenil substituído) imidazol-1- ylamino]-1-(9H-carbazol-9-il) etanona (3a-3e) e 2-(9H-carbazol-9-il)-N'- [{(4- fenil substituído) (piperazin-1-il) metil] acetohidrazida (3a'-3e'). Como parte da investigação, os compostos sintetizados foram caracterizados por espetrometria de infravermelhos, RMN 1H, RMN 13C, espetrometria MASS e análise elementar, bem como examinados quanto à sua atividade anticancerígena in vitro. As propriedades anticancerígenas mais eficazes foram encontradas nos compostos 3c e 3a' (grupos hidroxilo e dimetoxi) que tinham os grupos hidroxilo e dimetoxi mais elevados(9).

Composto	Estrutura	IUPAC
3c		2- [(4, 5-di-hidro-2- fenil substituído) imidazol-1ilamino]1-(9H-carbazol-9-il) etenona
3a'		(9H-carbazol-9-il)-N'-[({3,4-dimetoxifenil) (piperazina -1-il)} metil] acetohidrazida

Rao et al. (2019) sintetizaram derivados de carbazol ligados a isoxazol-tiadiazol 12a-12j, avaliando sua atividade anticâncer contra linhas celulares de câncer de mama: MCF-7 (mama). De todos os compostos sintetizados, 12b e 12g foram os compostos anticancerígenos mais ativos. (10)

Composto	Ar	IUPAC
12b	- ,4,5-trimetoxifenil	3-[3-(4-{[3-(3,4,5-Trimetoxifenil) isoxazole 5-il]-metoxi}-3,5- dimetoxifenil) isoxazol-5-il]-9-[3-(4- clorofenil)-1,2,4-tiadiazol-5-il]-9H-carbazole
12g	piridina-4-il	3-[3-[3-(4-{[3-(Piridin-4-il) isoxazol-5-il] metoxi}-3,5dimetoxifenil) isoxazol-5-il]-9-[3-(4-clorofenil)-1,2,4-tiadiazol-5-il]-9H-carb azole

1.3.2. Atividade antimicrobiana

Xue *et al.* (2021) sintetizaram cinco séries de novos derivados de carbazole contendo aminoguanidina, dihidrotriazina, tiossemicarbazida, semicarbazida e a atividade antimicrobiana foi realizada para todos os compostos sintetizados. A maioria dos compostos apresentou actividades inibitórias contra diferentes estirpes bacterianas. Entre todos os compostos sintetizados, os compostos 8f e 9d apresentaram a atividade inibitória mais forte. (11).

Composto	Estrutura	IUPAC
8f		6-(9-(2,4-diclorobenzil)-9H-carbazol-3-il)-N^2 , N^2 - dimetil-3,6-di-hidro-1,3,5- triazina-2,4-diamina

| 9D | 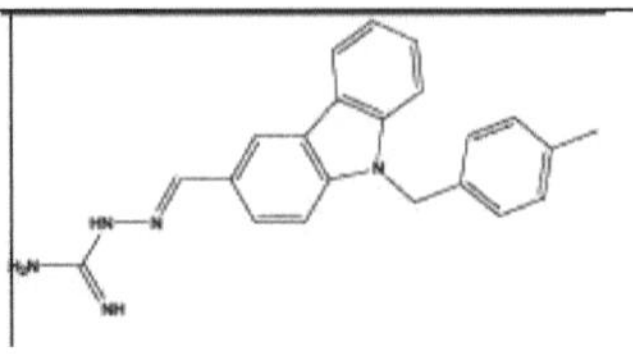 | (E)-2-((9-(4-Metilbenzil)-9H-carbazol-3-il) metileno) hidrazina-1-carboximidamida |

1.3.3. Atividade antioxidante

Patel *et al.* (2020) sintetizaram vários compostos que foram avaliados quanto à sua atividade antioxidante. Todos os compostos demonstraram uma atividade moderada de eliminação de radicais livres, medida pela sua absorvância a 517 nm. Os compostos (50-52) apresentaram uma atividade moderada de eliminação de radicais livres após a síntese de todos os derivados de tioureia. (12)

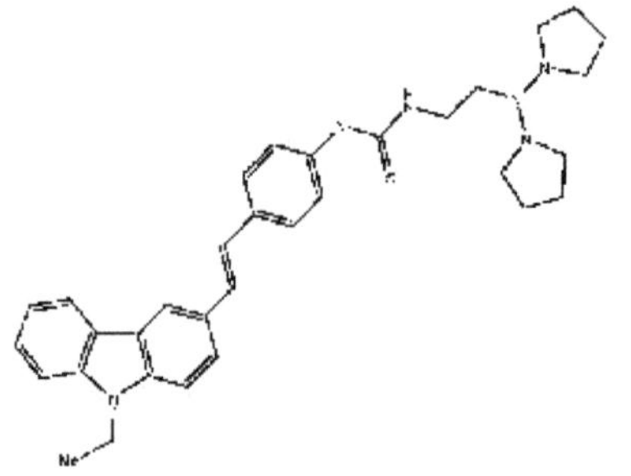

(Composto 50)

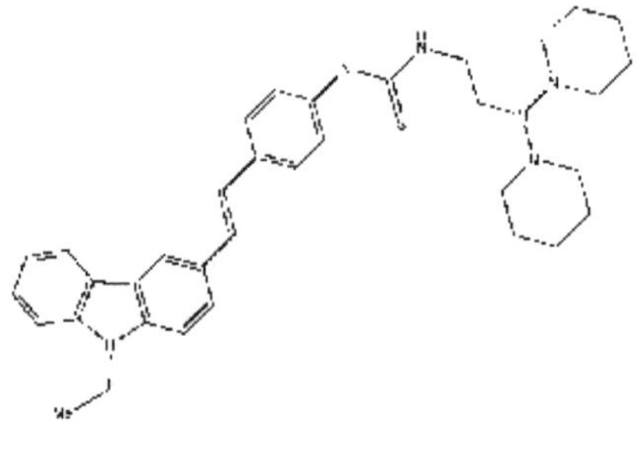

(Composto 51)

(Composto 52)

Shi *et al.* (2020) sintetizaram quatro derivados de carbazole-cumarina. Foi observada uma boa atividade antioxidante no composto (3a) entre todos os compostos sintetizados. Para caraterizar o composto sintetizado, foram realizados estudos de difração de raios X, RMN, FTIR e HRMS (13)

(Composto 3a) 7-(3-(9H-carbazol-9-il propoxi) -4-metil-2H-cromen-2-ona

1.3.4. Atividade antibacteriana\ Antifúngica

Trata-se de substâncias ou medicamentos que são utilizados para tratar a infeção fúngica da pele, do cabelo e das unhas. A micose e o pé de atleta são alguns tipos comuns de infecções fúngicas. Os medicamentos antifúngicos actuam matando as células fúngicas ao afetar as substâncias da membrana celular, o que leva à fuga dos componentes celulares e à morte da célula. Por outro lado, impedem o crescimento e a reprodução das células fúngicas(14)

Kamala *et al. (2021)* concebeu e sintetizou uma série de novos derivados de carbazol-tiazolidinediona. NMR, IR e espetroscopia de massa foram usados para caraterizar cada um dos novos compostos. Como resultado, todos os compostos foram testados contra bactérias gram-negativas e gram-positivas para determinar se eram antimicrobianos. Após o final do estudo, os compostos (Vc) e (Vh) apresentaram a melhor atividade antibacteriana.(15)

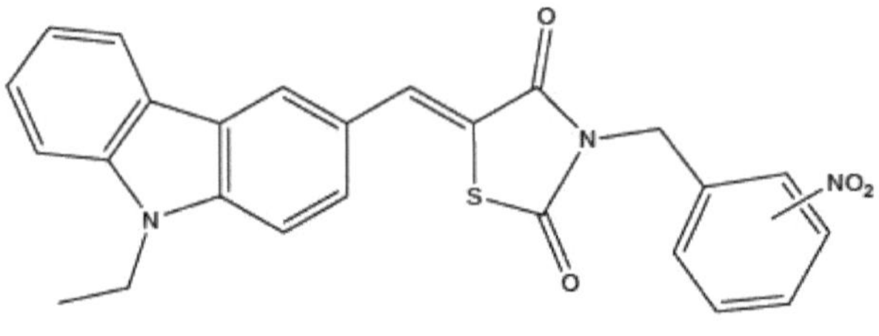

(Composto Vc)

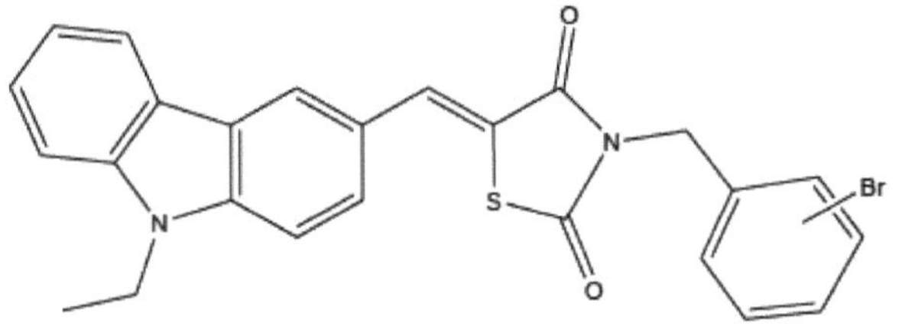

(Composto Vh)

1.3.5. Atividade de agregação antiplaquetária

Kim *et al.* (2018) sintetizaram uma série de derivados de carbazol 3-N-substituídos e a caraterização de todos os compostos foi feita por IR, NMR e massa. E todos os compostos foram rastreados para inibir a agregação plaquetária in vitro induzida por colagénio (5 µg/mL). Entre todos os compostos sintetizados, o composto 5q exibiu a atividade inibitória mais forte. (16)

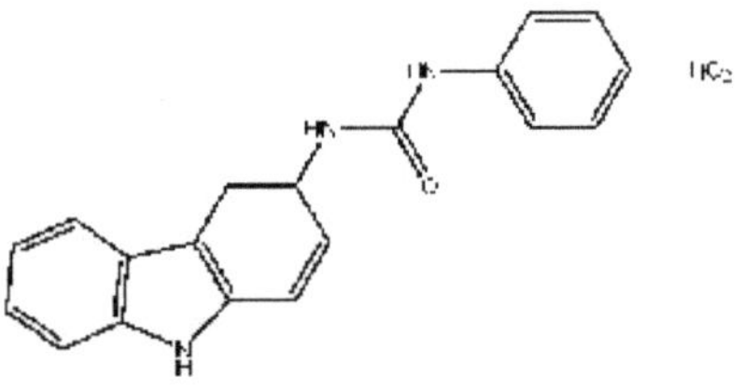

Composto 5q(1-(9H-carbazol-6-il)-3-(4-nitrofenil)ureia) Atividade anti Alzheimer

As doenças neurodegenerativas provocam alterações significativas no sistema nervoso central que influenciam as funções psicológicas e fisiológicas (17)

A doença de Alzheimer (DA), a causa mais comum de demência, é considerada uma doença progressiva e degenerativa do cérebro que afecta aproximadamente 10% da população com mais de 65 anos(18)

Patel *et al.* (2020) conceberam e sintetizaram uma nova série de compostos através da fusão do anel de carbazol com o andaime de estilbeno para formar um derivado de carbazol-estilbeno. Foram avaliadas várias propriedades anti-Alzheimer dos compostos sintetizados, incluindo a inibição da colinesterase, a inibição da formação de agregados A*, bem como antioxidantes e quelação de metais. Entre todos eles, o composto **(50)** mostrou boas actividades inibitórias contra a AChE e a BuChE. (12)

(E)-1-(4-(2-(9-etil-9H-carbazol-3-il) vinil) fenil)-3-(2-(pirrolidin-1-il) etil) tioureia (Composto 50)

Shi *et al.* (2020) foram sintetizados quatro híbridos carbazol-cumarina. Todos os compostos sintetizados apresentaram actividades inibitórias significativas da acetilcolinesterase. Um estudo de difração de raios X de cristal único, FT-IR, RMN, HRMS e caraterização FT-IR foram realizados em híbridos carbazol-cumarina para determinar as suas estruturas. Todos estes compostos **(3d)** exibiram a melhor atividade de inibição.(13)

(Composto 3d) (5-(9H-carbazol-9-il) pentil) oxi)-2H-cromen-2-ona

Sadeghian *et al. (2020)* concebeu e sintetizou **(9a-m)**, uma nova série de carbazolebenzilpiperidina e todos os compostos da série são avaliados como inibidores da acetilcolinesterase e butirilcolinesterase. A partir dos resultados, pode concluir-se que todos os compostos sintetizados apresentaram as propriedades inibitórias mais elevadas contra a acetilcolinesterase e a butirilcolinesterase... (19)

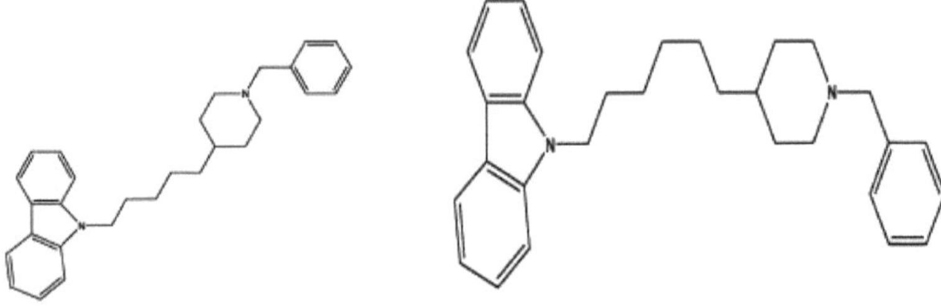

(Composto 9b) **(Composto 9c)**

1.3.6. Atividade antiepiléptica/anticonvulsivante

A epilepsia é a infeção neurológica mais frequente, caracterizada por descargas neuronais temporárias excessivas. A prevalência global da doença é de 1,0% da população e de até 50 milhões de pessoas em todo o mundo. Estudos anteriores mostraram que uma percentagem significativa de indivíduos (20%-30%) que utilizam medicamentos anti-epilépticos são resistentes ao agente terapêutico atualmente utilizado (20)

Kaur *et al.* *(2010)* apresentaram novos carbazóis oxa/tiadiazolilazetidinonil/tiazolidinonil substituídos (4a-j), (5a-j) e (6a-j) e analisaram as suas actividades antipsicótica e anticonvulsiva. Com base no resultado, verificou-se que o composto 6j era eficaz como antipsicótico e anticonvulsivo.(21)

Compound (6j)

3-(5-((9H-carbazol-9-il)metil)-1,3,4-tiadiazol-2-il)-2-(2-bromofenil)tiazolidina-4-um

1.3.7. Atividade antituberculosa

Shaikh et al. *(*2019*)* sintetizaram um novo derivado de N-metil carbazol. Todos os compostos finais sintetizados foram testados contra a linha celular virulenta de Mtb H37Rv e investigaram a inibição da enzima InhA. A inibição da InhA foi o mecanismo pelo qual todos os compostos foram testados como potenciais compostos anti-TB. O composto 9e apresentou a melhor atividade contra a tuberculose.(22)

Composto 9e

Ácido 4-((Z)-5-((9H-carbazol-6-il) metileno)-4-oxo-2-tioxitiazolidin-3-il) benzoico

1.3.8. Atividade antidiabética

Wang *et al. (2016)* relataram uma nova série de derivados de carbazol com 1,2,4-triazina 7a-7p e avaliaram a sua atividade inibidora da a-glucosidase.

Com base em estudos de docking, concluiu-se que o composto 7k determinou as suas interações de ligação com a a-glicosidase como sendo as mais potentes.(23)

(Composto 7k)

Adib *et al.* (2019) foram concebidos e sintetizados derivados fundidos de carbazole imidazole (6a- w) que foram rastreados como novos inibidores de α-glucosidase. Um dos compostos mais potentes entre os derivados sintetizados de imidazol-carboxazol foi o composto 6v, enquanto outro composto 6o foi mais ativo.

(Composto 6o) **(Composto 6v)**

1.3.9. Atividade antiviral

Saturnino *et al.* (2017) sintetizaram uma série de novos compostos (2a, b-4a, b). No presente

19

estudo, os cloro-1,4-dimetil-9H-carbazóis sintetizados foram examinados de uma perspetiva biológica. O perfil mais interessante entre todos os compostos sintetizados foi o derivado nitro (3b), fornecendo uma possível pista para o desenvolvimento de novos fármacos anti-HIV.(24)

Composto 3b 7-cloro-1,4-dimetil-3-nitro-9H-carbazole

1.3 Atividade comunicada

S. Não.	Atividade comunicada	Relatado por
1	Atividade anticancerígena	Kumar *et* al. (2016) Rao *et* al. (2019)
2	Atividade antimicrobiana	Xeu *et* al. (2021)
3	Atividade Antioxidante	Patel *et* al. (2020) Shi *et* al. (2020)
4	Atividade antibacteriana	Kamala *et* al. (2021)
5	Agregação de antiplaquetas	Kim *et* al. (2018)
6	Atividade Antialzheimer	Patel *et* al. (2020) Shi *et* al. (2020) Sadeghian et al. (2020)
7	Atividade antiepiléptica/anticonvulsivante	Kaur *et* al. (2010)
8	Atividade antituberculosa	Shaikh *et* al. (2019)
9	Atividade antidiabética	Wang *et* al. (2016) Adib *et* al. *(2019)*
10	Atividade antiviral	Saturnino *et al.* (2017)

1.4. Investigações de investigação

Um levantamento da literatura indica que os compostos que contêm núcleos de carbazol exibem uma vasta gama de actividades farmacológicas, tais como anti-hiperglicémica, anti-inflamatória, anticancerígena, antipsicótica, antimicrobiana, antifúngica e anticonvulsivante.

Vários estudos sugeriram que a presença de substituintes mono aromáticos é responsável pela sua atividade anticonvulsiva.

Por conseguinte, decidiu-se sintetizar novos derivados de anilina substituídos de carbazol e observou-se a sua atividade contra as convulsões.

Finalidade e objectivos

O núcleo do carbazol é um importante farmacóforo na química medicinal, uma vez que um grande número dos seus derivados possui propriedades biológicas úteis. Sabe-se que os carbazóis possuem actividades anticonvulsivantes e muitas outras.

Nos últimos anos, o interesse pela química dos carbazóis aumentou excessivamente devido ao facto de os derivados dos carbazóis apresentarem uma vasta gama de propriedades de interesse. Embora o Carbazol seja raro na natureza, os múltiplos derivados do Carbazol têm sido implicados num vasto espetro de atividade farmacológica.

Muitas outras moléculas do derivado de Carbazole têm sido necessárias para sintetizar e caraterizar a sua atividade antibacteriana, anti-inflamatória, antioxidante, antitumoral, antimicrobiana, etc.

1.5. Plano de trabalho

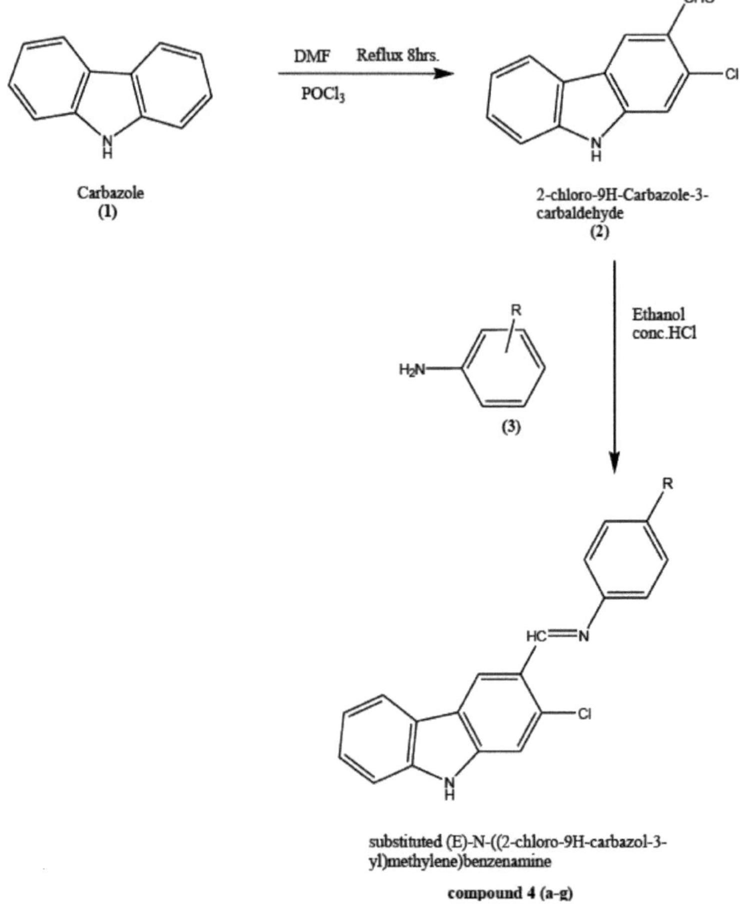
CHO
DMF Reflux 8hrs.
POCl3
Cl
N
H
Carbazole
(1)
2-chloro-9H-Carbazole-3-carbaldehyde
(2)
R
H2N
(3)
Ethanol
conc.HCl
R
HC=N
Cl
substituted (E)-N-((2-chloro-9H-carbazol-3-yl)methylene)benzenamine
compound 4 (a-g)

Fig.1.11 Esquema

Tabela 1.4 Substituição na posição R

COMPOUND	R
1.	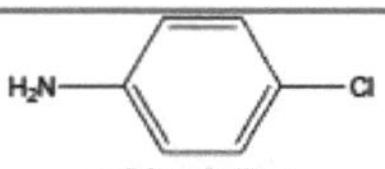 p-chloroAniline
2.	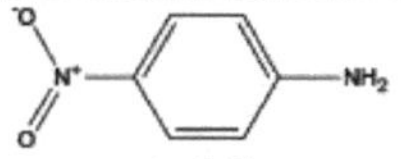 p-nitroAniline
3.	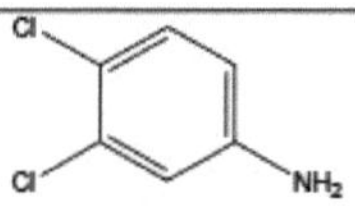 3,4dichloroaniline
4.	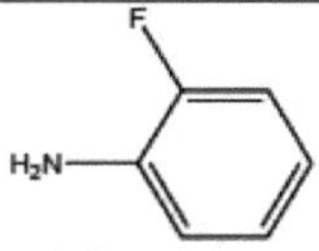 2-fluoroAniline
5.	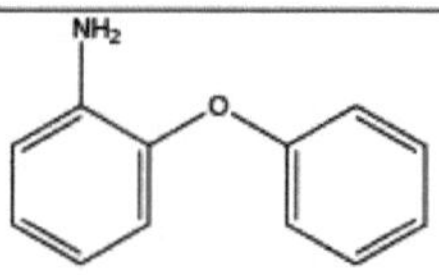 2-phenoxyaniline

6.	2,3 dichloroaniline
7.	3-nitroaniline

CAPÍTULO 2

METODOLOGIA

2. Material

2.1. Lista de produtos químicos utilizados e respectivos fabricantes

S. Não.	Nome dos produtos químicos	Nome e endereço do fabricante
1.	Dimetilformamida	Central Drug House Pvt.Ltd.,Nova Deli
2.	Oxicloreto de fosforilo	Spectrochem Pvt.Ltd. Mumbai.
3.	Acetato de etilo	Avantor Performance Materials India Ltd.
4.	Ácido acético	Avantor Performance Materials India Ltd.
5.	Clorofórmio	Avantor Performance Materials India Ltd.
6.	n-Hexano	Loba Chemie Pvt.Ltd. Mumbai.
7.	Etanol	ChangshuHongsheng Fine chemical Co.Ltd.
8.	Metanol	Avantor Performance Materials India Ltd.

2.2. Lista dos instrumentos utilizados e respetivo fabricante

S. Não.	Nome dos instrumentos	Nome e endereço do fabricante
1	Balança de alta precisão	Essae, Pvt.Ltd. Bengaluru, Índia
2	Banho de água retangular	Science Tech. Pvt. Ltd. Maharashtra, Índia
3	Placa de aquecimento para laboratório	Lasin, Pvt.Ltd. Mumbai, Índia
4	Aquecimento de laboratório Mental	Lasin, Pvt.Ltd. Mumbai, Índia
5	Agitador magnético	Rem, Pvt.Ltd. Mumbai, Índia
6	Aparelho de ponto de fusão	Science Tech. Pvt.Ltd. Maharashtra, Índia
7	Forno digital	Science Tech. Pvt.Ltd. Maharashtra, Índia
8	Balanço elétrico de um único recipiente	Essae, Pvt. Ltd. Bengaluru, Índia

2.3. Lista dos objectos de vidro utilizados e respectivos fabricantes

S. Não.	Nome do material de vidro	Especificação	Nome e endereço do fabricante
1	Copo	50 ml, 100 ml, 250 ml 500 ml, 1000 ml	Fábrica de vidros Borosil Ltd., Worli, Mumbai-400018
2	Balão de Buchner	250 ml, 500 ml	Fábrica de vidros Borosil Ltd., Worli, Mumbai-400018
3	Balão volumétrico	10 ml, 50 ml,100 ml,250 ml	Fábrica de vidros Borosil Ltd., Worli, Mumbai-400018

4	Funil	100 mm (diâmetro)	Fábrica de vidros Borosil Ltd., Worli, Mumbai-400018
5	Cilindros de medição	10 ml, 50 ml	Fábrica de vidros Borosil Ltd., Worli, Mumbai-400018
6	Placa de Petri	4,0 polegadas	Fábrica de vidros Borosil Ltd., Worli, Mumbai-400018
7	Pipetas	1 ml, 5 ml, 10 ml	Fábrica de vidros Borosil Ltd., Worli, Mumbai-400018
8	Condensador de refluxo	200 mm (comprimento do revestimento)	Fábrica de vidros Borosil Ltd., Worli, Mumbai-400018
9	Fundo redondo Frasco	250 ml, 500 ml	Fábrica de vidros Borosil Ltd., Worli, Mumbai-400018
10	Tubos de ensaio	-	Fábrica de vidros Borosil Ltd., Worli, Mumbai-400018
11	Vareta de vidro	-	Fábrica de vidros Borosil Ltd., Worli, Mumbai-400018

2.4. Caracterização dos compostos sintetizados

Existem diferentes métodos de caraterização:

2.4.1. Determinação do ponto de fusão

O ponto de fusão é a temperatura à qual se passa de um sólido para um líquido. Este ponto pode ser frequentemente utilizado para identificar compostos ou para estudar a pureza dos compostos. A temperatura do composto sintetizado, que é determinada por pontos de fusão capilares, quer em linhas de óleo quer em equipamentos de controlo de temperatura, é geralmente utilizada para determinar a temperatura do sólido. São produzidos alguns cristais num tubo brilhante com 1015 cm de comprimento e 1 mm de diâmetro. O capilar é então pendurado com a amostra e um dispositivo de medição para a aquecer lenta e uniformemente.

2.4.2. Cromatografia em camada fina de compostos

A cromatografia em camada fina é uma das ferramentas mais úteis para monitorizar o aumento das reacções químicas orgânicas e determinar a pureza dos compostos orgânicos em fitoquímica e biotecnologia. A cromatografia em camada fina é realizada num substrato, como uma folha de sílica gel numa placa de TLC. Esta camada adsorvente é designada por fase estacionária. A cromatografia em camada fina foi efectuada em lâminas de 5 x 7,5 cm revestidas de sílica-gel com um sistema de solventes adequado. No decurso do cromatograma, as manchas foram visualizadas através da colocação da placa na câmara de UV. Foram observados os valores de Rf.

2.4.3. Determinação da solubilidade dos compostos

A determinação da solubilidade do produto é uma necessidade básica no laboratório de química analítica. A determinação é frequentemente necessária, como na avaliação de compostos farmacêuticos e agroquímicos.

2.4.4. Análise espetral

A caraterização foi efectuada por TLC, ponto de fusão, Ressonância Magnética Nuclear (RMN) e espetroscopia de infravermelhos (IV).

2.5. Métodos de síntese

2.5.1. Procedimento sintético para 2-Cloro-9-H-Carbazole-3-Carbaldeído

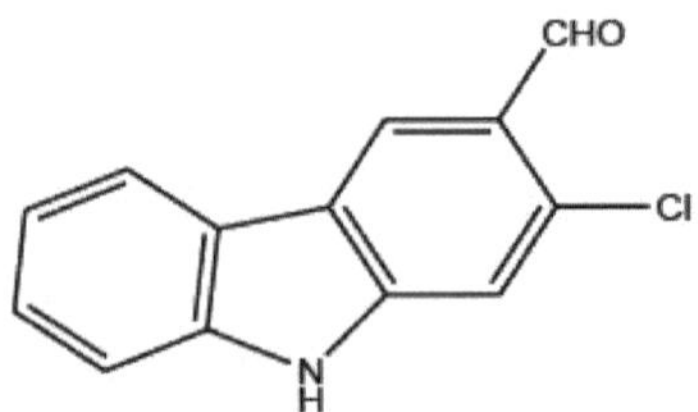

Procedimento

A dimetilformamida (DMF) (0,03 mol) foi colocada num banho de gelo para manter a temperatura entre 0 e -5°C e, em seguida, o POCl3 (0,09 mol) foi adicionado gota a gota em DMF. Após a adição gota a gota de POCl3, continuou-se a agitar uma mistura de reagente de Vielsmeier durante 30 minutos, depois colocou-se 0,01 mole de carbazol num balão de fundo redondo e adicionou-se lentamente o reagente de Vielsmeier ao balão de fundo redondo que continha o carbazol. Refluxar a mistura de carbazol e reagente de Vielsmeier durante 8 horas. Após 8 horas, a mistura de carbazol e reagente de Vielsmeier foi arrefecida à temperatura ambiente e depois vertida no gelo picado com agitação rápida, formando-se imediatamente um precipitado amarelo claro de 2-Cloro-9-H-carbazole-3-carbaldeído. Após lavagem e filtragem, o processo de recristalização foi efectuado com etanol.

Fig 2.1 2-Cloro-9-H-Carbazole-3-Carbaldeído

28

Fórmula molecular: C13H8ClNO

Rendimento: 64,5%.

Ponto de fusão: 147-149°C

Dados de Solubilidade:

Muito solúvel - Etanol, DMSO

Moderadamente solúvel- Clorofórmio

Insolúvel- n-Hexano

Análise TLC:

Valor Rf: 0,69

Fase móvel - Éter dietílico: n-hexano (1:1)

Espectros de IV (KBr; cm^{-1}): 3417(N-H.), 3051 (C-H, Ar),1694 (N=CH, Imina), 1240 (C-N), 574(C-Cl).

2.5.2. Procedimento sintético para o 2-cloro-9-H-carbazole-3-carbaldeído substituído derivados (4a-4g)

Procedimento

2-Cloro-9-H-Carbazole-3-Carbaldeído **(2)** (0,01 mol) e aminas aromáticas substituídas **(3)** (0,01 mol) foram adicionados a 50 ml de etanol juntamente com a quantidade catalítica de 2 ml de ácido clorídrico e refluxo da mistura acima durante 8 horas. Após a conclusão do refluxo, a mistura de reagente de Vielsmeier e carbazole foi vertida em gelo picado, o que resultou num precipitado amarelo que foi filtrado e depois lavado com água. A recristalização do composto sintetizado **(4a-g)** foi efectuada com etanol.

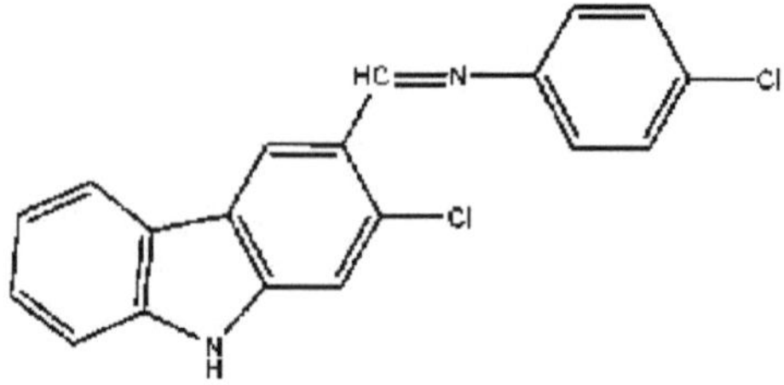

Fig 2.2 Composto 4a

Fórmula molecular: C19H12N2Cl2

Rendimento: 65,23%

Ponto de fusão: 230-232°C

Dados de solubilidade:

Muito solúvel - Etanol, DMSO

Moderadamente solúvel- Clorofórmio

Insolúvel- n-Hexano

Análise TLC:

Valor Rf: 0,68

Fase móvel - Éter dietílico: n-hexano (1:1)

Espectros de IV (KBr.; cm-^{1}):

3420 (N-H), 3051 (C-H, Ar), 1626 (N=CH, Imina), 1287 (C-N), 574 (C-Cl).

^{1}Espectros de RMN de H (400 MHz; CDCl3-d6/ppm):

3,45-3,46 (m, 3H, indol), 7,24-7,44 (m, 6H, Ar H),8,08(s,1H, C=NH), 8,55(s,1H, NH)

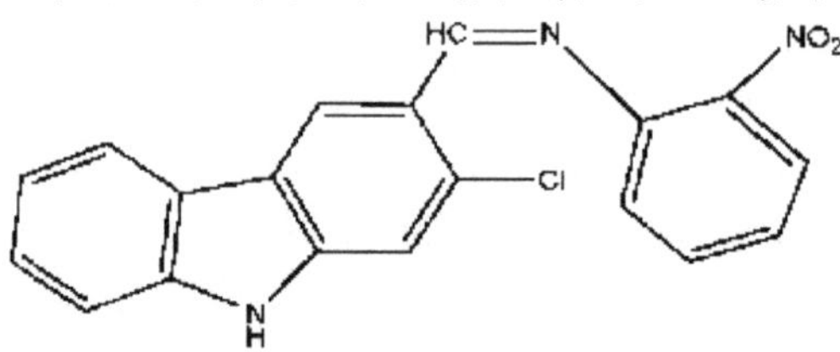

Fig 2.3 Composto 4b

Fórmula molecular: C19H12ClFN2

Rendimento: 69,96%

Ponto de fusão: 233-235°C

Dados de solubilidade:

Muito solúvel - Etanol, DMSO

Moderadamente solúvel- Clorofórmio

Insolúvel- n-Hexano

30

Análise TLC:

Valor Rf: 0,71

Fase móvel - Éter dietílico: n-hexano (1:1)

Espectros de IV [KBr; cm-1]:

3420(N-H), 3058(C-H, Ar), 1642 (N=CH, Imina), 1602(C=C, Ar) 1451(N=O), 1205(C-N), 757(C-Cl)

¹Espectros de RMN de H (400 MHz; CDCl3-d6/ppm):

7.21-7.41 (m, 6H, Ar H), 7.42-7.43(m,4H, Ar H), 8.09(s,1H, C=NH), 9.12(s,1H, NH)

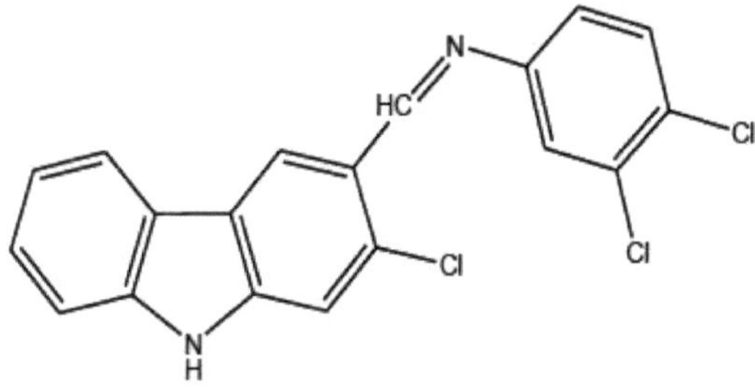

Fig 2.4 Composto 4c

Fórmula molecular: C19H12ClN2O3

Rendimento: 57,21%

Ponto de fusão: 234-236°C

Dados de solubilidade:

Muito solúvel - Etanol, DMSO

Moderadamente solúvel- Clorofórmio

Insolúvel- n-Hexano

Análise TLC:

Valor Rf: 0,69

Fase móvel - Éter dietílico: n-hexano (1:1)

Espectros de IV [KBr; cm-1]:

3421(N-H), 3058(C-H, Ar),2927, 1642 (N=CH, Imina), 1493(C=C, Ar), 1451(N=O) , 1139(C-

N), 757(C-Cl)

¹Espectros de RMN de H (400 MHz; CDCl3-d6/ppm):

7.18-7.38 (m, 6H, Ar H), 7.42-7.46 (m,3H, Ar H), 8.05(s,1H, C=NH), 9.07(s,1H, NH)

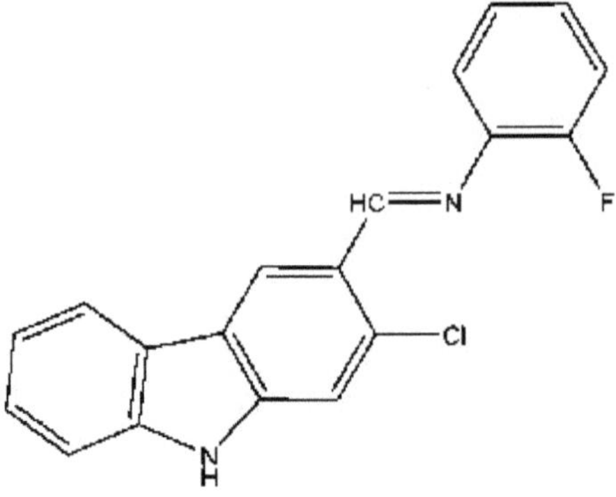

Fig 2.5 Composto 4d

Fórmula molecular: C19H11Cl3N2

Rendimento: 75,35%

Ponto de fusão: 235-237°C

Dados de solubilidade:

Muito solúvel - Etanol, DMSO

Moderadamente solúvel- Clorofórmio

Insolúvel- n-Hexano

Análise TLC:

Valor Rf: 0,72

Fase móvel - Éter dietílico: n-hexano (1:1)

Espectros de IV [KBr; cm^{-1}]:

3418(N-H),3050 (C-H, Ar), (1690 (N=CH,Imine), 1458(C=C,Ar), 1328(C-N),1240, 573(C-Cl)

[1]Espectros de RMN de H (400 MHz; CDCl3-d6/ppm**):**

6,73-6,84 (m, 6H, Ar H), 6,95-7,19 (m,4H, Ar H), 7,20(s,1H, C=NH), 9,08(s,1H, NH)

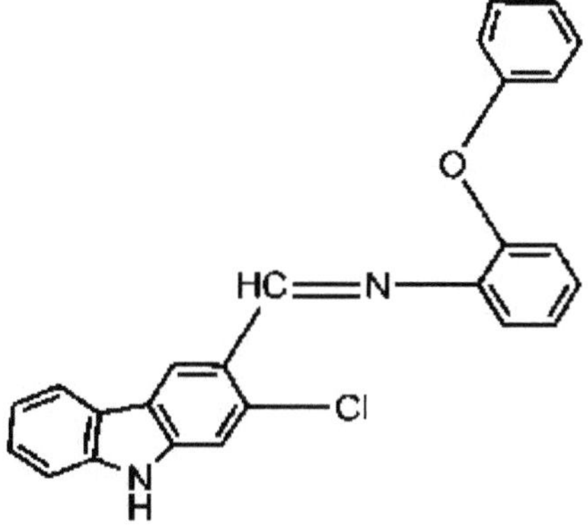

Fig 2.6 Composto 4e

Fórmula molecular: C25H17ClN2O

Rendimento: 55,72%

Ponto de fusão: 230-232°C

Dados de solubilidade:

Muito solúvel - Etanol, DMSO

Moderadamente solúvel- Clorofórmio

Insolúvel- n-Hexano

Análise TLC:

Valor Rf: 0,69

Fase móvel - Éter dietílico: n-hexano (1:1)

Espectros de IV [KBr; cm-1]:

1204(C-N), 1588(C=C,Ar), 3418(N-H), 1646(N=CH,Imine), 3051(C-H,Ar), 574(C-Cl),

[1]Espectros de RMN de H (400 MHz; CDCl3-d6/ppm):

6,94-7,32(m,9H,Fenoxi), 7,32-7,98 (m, 6H, Ar H), 8,00(s,1H,C=NH), 9,12(s,1H, NH)

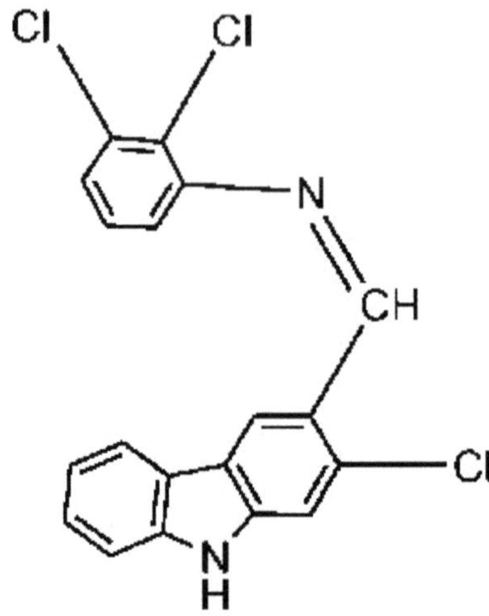

Fig 2.7 Composto 4f

Fórmula molecular: C19H11Cl3N2

Rendimento: 59,62%

Ponto de fusão: 231-233°C

Dados de Solubilidade:

Muito solúvel - Etanol, DMSO

Moderadamente solúvel- Clorofórmio

Insolúvel- n-Hexano

Análise TLC:

Valor Rf: 0,65

Fase móvel - Éter dietílico: n-hexano (1:1)

Espectros de IV (KBr; cm^{-1}):

1205 (C-N), 1589 (C=C, Ar), 3418 (N-H), 1626 (N=CH, Imina), 3051 (C-H, Ar), 574(C-Cl).

^{1}Espectros de RMN de H (400 MHz; CDCl3-d6/ppm):

6,93-7,59 (m, 6H, Ar H), 7,03-7,69 (m,3H,Ar H), 7,61(s,1H,C=NH), 10,2(s,1H, NH)

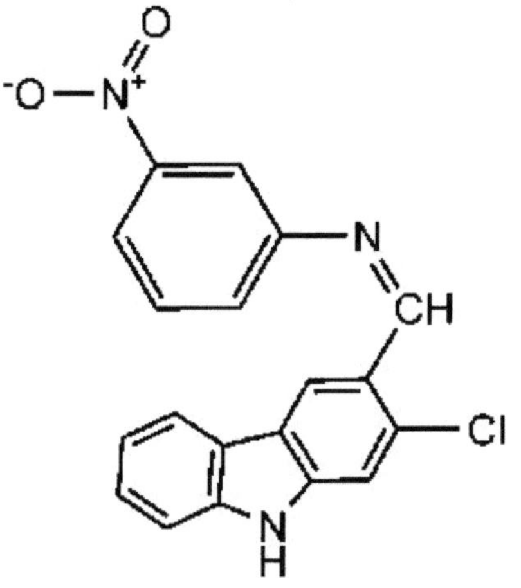

Fig 2.8 Composto 4g

Fórmula molecular: C19H12ClN3O2

Rendimento: 61,39%

Ponto de fusão: 242-245°C

Dados de solubilidade:

Muito solúvel - Etanol, DMSO

Moderadamente solúvel- Clorofórmio

Insolúvel- n-Hexano

Análise TLC:

Valor Rf:0,68

Fase móvel - Éter dietílico: n-hexano (1:1)

Espectros de IV [KBr; cm^{-1}]:

3420 (N-H), 3050 (Ar, C-H), 1691 (C=N), 1451 (Ar, C=C), 574 (C-Cl), 1353(N=O), 1093 (C-N), 748(C-Cl)

^{1}Espectros de RMN de H (400 MHz; CDCl3-d6/ppm):

7,08-7,30 (m, 6H, Ar H), 7,32-7,97 (m,4H, Ar H), 8,32(s,1H, C=NH), 9,28(s,1H, NH)

Tabela 2.4 Caracterização física dos compostos sintetizados

Código de compilação	Fórmula Mol.	Peso molar	Aparência	Intervalo do ponto de fusão (°C)	Rf	% Rendimento
4a	C19H12Cl2N2	339.22	Cristais brancos	230-232	0.68	65.23%
4b	C19H12ClN3O2	349.77	Cristais amarelos claros	233-235	0.71	69.96%
4c	C19H11Cl3N2	373.66	Cristais amarelos claros	234-236	0.69	57.21%
4d	C19H12ClFN2	322.76	Cristais brancos acastanhados	235-237	0.72	75.35%
4e	C25H17ClN2O	396.87	Cristais negros acinzentados	230-232	0.69	55.72%
4f	C19H11N3O2	373.66	Cristais castanhos claros	231-233	0.65	59.62%
4g	C19H12ClN3O2	349.77	Cristais castanhos claros	242-244	0.68	61.39%

2.6. Rastreio farmacológico

A atividade biológica de compostos naturais ou sintéticos pode ser determinada de várias formas, como por exemplo através de estudos in silico, estudos in vivo e estudos in vitro. Cada estudo tem a sua finalidade e objectivos específicos. O presente trabalho incide sobre os estudos in silico e os estudos in vivo.

2.6.1. Estudos in vivo

2.6.1.1. Rastreio de anticonvulsivantes

Todas as novas tiazolidinas-2,4-dionas sintetizadas foram investigadas quanto ao seu potencial como agentes anticonvulsivos.

Induzida eletricamente - modelo de convulsão por choque elétrico máximo (MES).

2.6.1.2. Animal de estudo

Foram utilizados ratos albinos suíços fêmeas, com um peso de 25-35 g, para estudar a atividade anticonvulsiva das moléculas recentemente sintetizadas. O Comité Institucional de Ética Animal, Hygia Institute of Pharmaceutical Education and Research, Lucknow, Índia, com o n.º. HIPER\IAEC\89\02\2022 aprovou o protocolo do estudo.

Os ratos foram alojados em gaiolas de poliacrílico, com a parte superior em arame de aço inoxidável, e mantidos em condições laboratoriais convencionais de 25±1°C e 55±5% de HR (humidade relativa), em ciclos de luz e escuridão, com acesso total a comida e água. Todos os animais receberam cuidados humanos em conformidade com os requisitos do Comité de Ética Animal Institucional.

2.6.1.3.   Indução eléctrica - modelo de convulsão por eletrochoque máximo (MES)

2.6.1.4.   Conceção do estudo

Nas experiências, foram utilizados 9 grupos, cada um com 2 animais (n=2), para o fármaco padrão fenitoína (25 mg/kg de peso corporal). A corrente eléctrica (50mA durante 0,2 segundos) foi utilizada como agente indutor de convulsões.

Os grupos foram estruturados da seguinte forma

Grupo 1 - Ratos tratados com **veículo** (suspensão aquosa de CMC a 0,5%).

Grupo 2- Ratos tratados com o medicamento padrão (fenitoína, 25mg/kg de peso corporal).

Grupo 3- Ratos tratados com o composto 4a (25mg/kg de peso corporal)

Grupo 4- Ratos tratados com o composto 4b (25mg/kg de peso corporal).

Grupo 5- Camundongos tratados com o composto 4c (25mg/kg de peso corporal).

Grupo 6- ratinhos tratados com o composto 4d (25mg/kg de peso corporal).

Grupo 7- Ratos tratados com o composto 4e (25mg/kg de peso corporal).

Grupo 8- ratinhos tratados com o composto 4f (25mg/kg de peso corporal).

Grupo 9- Ratos tratados com o composto 4g (25mg/kg de peso corporal).

Todos os ratos receberam doses baseadas no seu peso corporal. As doses incluem veículo/químicos de ensaio/e o medicamento padrão.

2.6.2. Atividade anticonvulsivante

2.6.3. Objetivo e justificação

O método de eletrochoque em ratos é utilizado principalmente para determinar a potência de fármacos para o tratamento da epilepsia de grandes males. A estimulação eléctrica produz uma extensão tónica dos membros posteriores, que é reduzida pelos antiepilépticos e por alguns medicamentos de ação central.

2.6.4. Procedimento

A potência dos compostos de tratamento para oferecer proteção a ratos albinos contra convulsões foi avaliada pela sua atividade anticonvulsiva. Após 30 minutos de administração oral de veículo/compostos de ensaio/fármaco padrão em suspensões aquosas de CMCs a 0,5%, iniciou-se o ensaio. O aparelho MES com eléctrodos da córnea foi utilizado para produzir convulsões. Cada animal recebeu uma estimulação de 50mA através de um elétrodo da córnea. Os animais foram examinados durante cerca de 15 minutos, tendo sido registadas fases como a extensora, o clonus, o estupor, a flexão e a morte.

2.6.5. Análise estatística

A significância estatística dos resultados foi justificada pela ANOVA seguida do teste de comparação múltipla de Dunett; p0,0001 foi declarado estatisticamente significativo. O software GraphPad Prism foi utilizado para a análise estatística (versão 9.0).

CAPÍTULO 3

RESULTADOS E DISCUSSÃO

3. Resultados e discussão

3.1. Resultado

3.1.1. Química

O presente trabalho foi realizado para desenvolver novos derivados de carbazol substituídos através de uma reação em duas fases. A caraterização física primária foi efectuada com base na cromatografia de camada fina, ponto de fusão, solubilidade, cor e rendimento percentual dos compostos sintetizados.

Foram sintetizados um total de sete compostos (derivados de carbazol substituídos).

De acordo com o esquema, na primeira etapa, o carbazole foi reagido com POCl3 e DMF (reagente de Vielsmeier) na presença de ácido clorídrico (HCl) para formar 2-cloro-9-H-carbazole-3-carbaldeído. Este foi posteriormente convertido em diferentes derivados substituídos de 2-cloro-9-H-carbazole-3-carbaldeído **(4a-g)** na presença de diferentes aminas aromáticas.

O estado físico de todos os compostos sintetizados era sólido e todos foram testados quanto à gama de pontos de fusão com a ajuda de um capilar aberto num aparelho de ponto de fusão digital. A cromatografia em camada fina foi efectuada para todos os compostos utilizando placas revestidas com sílica gel G e éter dietílico: n-hexano como sistema solvente. O ponto desenvolvido foi visualizado por vapores de iodo.

Após a caraterização primária dos compostos, foi efectuada a análise espetral (como IR e NMR) para a confirmação do intermediário (2) e dos compostos finais **(4a-g).**

Os espectros de IV dos derivados de carbazol **(4a-g)** mostram uma região alta e intensa de 3418-3420cm-1 devido ao estiramento N-H. Este estiramento indica a existência de N-H (pico de amina) no anel de carbazol. Este estiramento indica a existência de N-H (pico amina) no anel carbazol. O pico intenso na região 3050-3058cm-1 confirma a presença de estiramento CH aromático. A região de 1626,06-1691cm-1deve-se a vibrações de estiramento N=CH(Imina). A vibração nitro (N=O) foi observada na região de 1353-1451cm-1 e as vibrações C-Cl também são observadas na região de 573,85-757cm-1.

3.1.2. Atividade Farmacológica

3.1.2.1. Atividade anticonvulsivante

O rastreio in vivo da atividade anticonvulsiva foi efectuado utilizando o modelo de eletrochoque máximo (MES) em ratos. Todos os compostos foram avaliados quanto a esta atividade. O método MES produz epilepsia de grande mal (subtipo de convulsão generalizada). O desaparecimento ou encurtamento da fase extensora dos membros posteriores é utilizado como critério positivo para fármacos anticonvulsivos. Os compostos que inibem esta crise foram utilizados no tratamento contra as crises generalizadas. No modelo MES, todos os compostos sintetizados exibiram inibição da convulsão e foram activos para ação anticonvulsiva. A fenitoína foi usada como medicação padrão no modelo MES que inibe as convulsões. Todos os animais apresentaram recuperação. Os compostos 4e mostraram uma atividade anticonvulsiva máxima e os compostos 4c e 4f também mostraram uma atividade anticonvulsiva significativa no modelo MES de rastreio in vivo.

Tabela 3.2 Atividade anticonvulsiva dos compostos sintetizados no modelo de convulsão por eletrochoque máximo (MES)

S. Não.	Comp. Código	Duração das várias fases (tempo em segundos)				
		Flexão	Extensor*	Clonus	Estupor	Recuperação / Morte
1.	Controlo	6.0±0.31	7.2±0.20	9.6±0.40	16.2±0.49	Recuperação
2.	Padrão	2.0±0.31	1.2±0.20	8.0±0.40	5.0±0.36	Recuperação
3.	4a	3.0±0.31	4.4±0.24	12.2±1.01	11.0±0.89	Recuperação
4.	4b	3.0±0.44	4.2±0.20	11.6±0.78	19.6±1.24	Recuperação
5.	4c	**2.3±0.24**	**1.5±0.20**	**9.6±0.68**	**10.2±0.74**	**Recuperação**
6.	4d	2.8±0.58	3.0±0.36	19.2±0.58	17.8±0.37	Recuperação
7.	4e*	**2.1±0.24**	**1.4±0.37**	**8.2±0.60**	**5.4±0.74**	**Recuperação**
8.	4f	**2.6±0.24**	**2.4±0.24**	**8.4±0.74**	**10.4±0.74**	Recuperação
9.	*4g*	3.2±0.24	4.4±0.24	15.2±0.74	17.4±0.74	Recuperação

Os dados são expressos como média ± SEM para a atividade anticonvulsiva. A análise estatística foi efectuada utilizando ANOVA de duas vias. *Os compostos sintetizados foram testados utilizando a dose de 25mg/kg, p.o. p<0,0001 limite de confiança (teste de Dunette) n=2.

Atividade anticonvulsivante de diferentes compostos

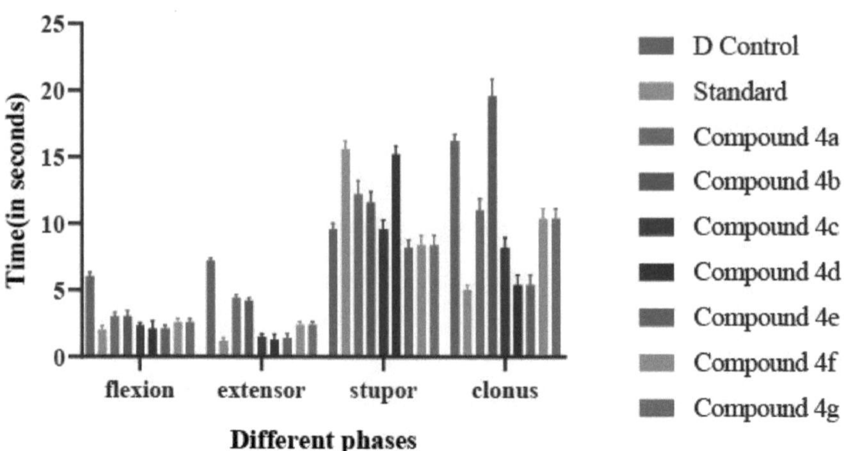

Figura 3.1

3.2. Conclusão

Foi sintetizada uma série de novos derivados de carbazole através da utilização da base de Schiff 2-Chloro-9-H-Carbazole-3- Carbaldehyde e analisada a sua atividade anticonvulsiva utilizando o modelo de eletrochoque máximo (MES). A confirmação de todos os compostos sintetizados foi efectuada por caraterização física (TLC, p.m. e solubilidade) e analítica (IR e NMR). Entre todos os compostos sintetizados, o composto 4e foi considerado um composto mais potente por apresentar uma atividade anticonvulsiva máxima no modelo MES. Para encontrar um fármaco anticonvulsivo potente, é necessária mais investigação sobre o núcleo de carbazol. Em conclusão, estes compostos oferecem o potencial para serem desenvolvidos como boas moléculas principais com um perfil farmacológico melhorado.

REFERÊNCIAS

1.   Barbieri, Vera, Maria Grazia Ferlin. "Síntese One-Pot Assistida por Micro-ondas de Tetrahidrocarbazol Substituído e 8,9,10,11-Tetrahidro-7H-pirido[a]carbazoles." *ChemInform* 38, no. 8 (2007):

2.   Salih, Nadia, Jumat Salimon, Emad Yousif. "Síntese e atividades antimicrobianas de derivados de 9H-carbazol". *Arabian Journal of Chemistry* 9, no. (2016): S781-S6.

3.   Sharma, Divyanshu, Nitin Kumar, Devender %J Journal of the Serbian Chemical society Pathak. "Síntese, caraterização e avaliação biológica de alguns derivados de carbazol mais recentes". 79, no. 2 (2014): 125-32.

4.   Chakraborty, D. P. Capítulo 4 Química e Biologia dos Alcalóides de Carbazole. In: Cordell GA, editor. The Alkaloids: Chemistry and Pharmacology. 44: Academic Press; 1993. p. 257-364.

5.   Bashir, Maryam, Afifa Bano, Abdul Subhan Ijaz, Bashir Ahmad %J Molecules Chaudhary. "Desenvolvimentos recentes e atividades biológicas de derivados de carbazol N-substituídos: uma revisão." 20, no. 8 (2015): 13496-517.

6.   Lee, Kwang Seop, Dea Uk Lee, Dong Chul Choo, Tae Whan Kim, Eui Dock Ryu, Sang Wook Kim, et al. "Dispositivos orgânicos emissores de luz fabricados utilizando pontos quânticos de CdSe/ZnS com núcleo/casca incorporados num polivinilcarbazol". *Journal of Materials Science* 46, no. 5 (2011): 1239-43.

7.   Knölker, Hans-Joachim, Kethiri R. Reddy. Capítulo 5 - Química dos alcalóides de carbazol. In: Cordell GA, editor. The Alkaloids: Chemistry and Biology. 65: Academic Press; 2008. p. 195-383.

8.   Caruso, Anna, Alexia Barbarossa, Alessia Carocci, Giovanni Salzano, Maria S. Sinicropi, Carmela Saturnino. "Derivados de carbazol como inibidores de STAT: An Overview". *Ciências Aplicadas* 11, não. 13 (2021):

9.   Kumar, Nitin, Devender %J Revista Internacional de Química Farmacêutica Pathak. "Docking, Síntese e Atividade Anticancerígena de Alguns Novos Derivados de Carbazole". 6, no. (2016): 54-61.

10.   Durga Rao, B. V., R. Sreenivasulu, M. V. Basaveswara Rao. "Projeto, síntese e avaliação de híbridos de carbazol ligados a isoxazol-tiadiazol como agentes anticâncer". *Jornal Russo de Química Geral* 89, no. 10 (2019): 2115-20.

11.   Xue, Yi-Jie, Ming-Yue Li, Xue-Jun Jin, Chang-Ji Zheng, Hu-Ri Piao. "Projeto, síntese e avaliação de derivados de carbazol como potenciais agentes antimicrobianos." *Jornal de Inibição de Enzimas e Química Medicinal* 36, no. 1 (2021): 296-307.

12.   Patel, Dushyant V, Nirav R Patel, Ashish M Kanhed, Divya M Teli, Kishan B Patel, Prashant D Joshi, et al. "Novos híbridos carbazol-estilbeno como agentes multifuncionais anti-Alzheimer". *J Bioorganic Chemistry* 101, no. 1 (2020): 103977.

13. Shi, Da-Hua, Wei Min, Meng-qiu Song, Xin-Xin Si, Ming-Cheng Li, Zhao-yuan Zhang,

et al. "Síntese, caraterização, estrutura cristalina e avaliação de quatro híbridos de carbazolecumarina como agentes multifuncionais para o tratamento da doença de Alzheimer." *J Journal of Molecular Structure* 1209, no. 1 (2020): 127897.

14. Al-Mulla, Abbas. "A Review: Importância biológica dos compostos heterocíclicos". *Der Pharma Chemica* 9, no. 13 (2017): 141-7.

15. Kamala, L., B. Sathish Kumar, P. V. Anantha Lakshmi. "Estudos de síntese e docking de novos derivados híbridos de carbazol-tiazolidinediona como agentes antibacterianos." *Russian Journal of Bioorganic Chemistry* 47, no. 1 (2021): 166-73.

16. Kim, Jiseon, Sang-Hyuk Jung, Eunju Yun, Soo-Hyun Cho, O Yuseok, Ji-Eun Kim, et al. "Síntese de novos derivados de carbazol 3-N-substituídos e avaliação de suas habilidades para inibir a agregação plaquetária". *J Boletim da Sociedade Química Coreana* 39, no. 6 (2018): 726-8.

17. Mishra, Chandra Bhushan, Siddharth Gusain, Shruti Shalini, Shikha Kumari, Amresh Prakash, Namrata Kumari, et al. "Development of novel carbazole derivatives with effective multifunctional action against Alzheimer's diseases: design, synthesis, in silico, in vitro and in vivo investigation." *J Bioorganic Chemistry* 95, no. (2020): 103524.

18. Choubdar, Niloufar, Mostafa Golshani, Leili Jalili-Baleh, Hamid Nadri, Tuba Tüylü Küçükkilinç, Beyza Ayazgök, et al. "Novas classes de carbazóis como potenciais agentes multifuncionais anti-Alzheimer". *J Bioorganic chemistry* 91, no. (2019): 103164.

19. Sadeghian, Batool, Amirhossein Sakhteman, Zeinab Faghih, Hamid Nadri, Najmeh Edraki, Aida Iraji, et al. "Conceção, síntese e avaliação da atividade biológica de novos híbridos carbazole-benzilpiperidina como potenciais agentes anti Alzheimer". *Journal of Molecular Structure* 1221, no. 1 (2020): 128793.

20. Bashir, M., A. Bano, A. S. Ijaz, B. A. Chaudhary. "Desenvolvimentos Recentes e Actividades Biológicas de Derivados de Carbazole N-Substituídos: A Review". *Molecules (Basileia, Suíça)* 20, no. 8 (2015): 13496-517.

21. Kaur, H., S. Kumar, P. Vishwakarma, M. Sharma, K. K. Saxena, A. Kumar. "Synthesis and antipsychotic and anticonvulsant activity of some new substituted oxa/thiadiazolylazetidinonyl/thiazolidinonylcarbazoles." *Revista Europeia de Química Medicinal* 45, n.º 7 (2010): 2777-83.

22. Shaikh, Mahamadhanif S., Ashish M. Kanhed, Balakumar Chandrasekaran, Mahesh B. Palkar, Nikhil Agrawal, Christian Lherbet, et al. "Descoberta de novos derivados de rodanina ligados a N-metil carbazol como inibidores diretos de Mycobacterium tuberculosis InhA." *Cartas de Química Bioorgânica e Medicinal* 29, no. 16 (2019): 2338-44.

23. Wang, G., J. Wang, D. He, X. Li, J. Li, Z. Peng. "Síntese e avaliação biológica de novos

derivados de 1,2,4-triazina com porção carbazol como potentes inibidores de α-glicosidase." *Bioorg Med Chem Lett* 26, no. 12 (2016): 2806-9.

24. Saturnino, C., F. Grande, S. Aquaro, A. Caruso, D. Iacopetta, M. G. Bonomo, et al. "Derivados de cloro-1,4-dimetil-9H-carbazole exibindo atividade anti-HIV". *Molecules (Basileia, Suíça)* 23, no. 2 (2018):

25.

Printed by Books on Demand GmbH, Norderstedt / Germany